生命日记

草本植物

向日葵

王艳 编写

U0193943

吉林出版集团股份有限公司 全国百佳图书出版单位

图书在版编目（ＣＩＰ）数据

生命日记. 草本植物. 向日葵 / 王艳编写. -- 长春: 吉林出版集团股份有限公司, 2018.4

ISBN 978-7-5534-1418-8

Ⅰ. ①生… Ⅱ. ①王… Ⅲ. ①向日葵—少儿读物 Ⅳ. ①Q-49

中国版本图书馆 CIP 数据核字(2012)第 316668 号

生命日记·草本植物·向日葵

SHENGMING RIJI CAOBEN ZHIWU XIANGRIKUI

编　写	王　艳	
责任编辑	李婷婷	
装帧设计	卢　婷	
排　版	长春市诚美天下文化传播有限公司	
出版发行	吉林出版集团股份有限公司	
印　刷	河北锐文印刷有限公司	
版　次	2018 年 4 月第 1 版　2018 年 5 月第 2 次印刷	
开　本	720mm×1000mm　1/16	
印　张	8	
字　数	60 千	
书　号	ISBN 978-7-5534-1418-8	
定　价	27.00 元	
地　址	长春市人民大街 4646 号	
邮　编	130021	
电　话	0431-85618719	
电子邮箱	SXWH00110@163.com	

目 录

Contents

目 录

Contents

目 录

Contents

目 录

Contents

向日葵

　　向日葵为一年生高大草本，属于菊科向日葵属，原产北美地区。向日葵的叶子和花盘能随太阳转动。栽培品种有食用型、油用型和兼用型三类。向日葵的种子、花盘、茎、叶、茎髓、根和花等均可入药。

我叫向日葵

　　我叫向日葵，小名叫葵花。我很喜欢太阳，会随着太阳转动。"朵朵葵花向太阳"说的就是我。在很久以前，我的祖先生活在远离中国的北美洲大陆，后来才漂洋过海来到中国，在这片土地上生根、发芽、繁衍后代。我现在还是一粒种子，但终有一天我会长高，开出金灿灿的花朵来。今天，小主人把我和兄弟姐妹们带回家，我有了生命中的第一个朋友！小主人说，以后这里就是我的家了。

第一次洗澡

5月2日 周三 晴

  今天天气不错，小主人把我放在一个小碗里，然后倒入温水。我泡在暖暖的水中，真是太舒服了，身上的脏东西都被洗掉了，外面厚厚的衣服好像也一点点变软了，穿起来非常贴身。小主人说，洗澡水能把我衣服外面的细菌杀死，这样我才不容易生病，可以更加健康地成长。在水里泡了几个小时，我觉得身体里充满了水分，变得白白胖胖的。洗完澡，小主人把我放到一张软软的小床上，又为我盖上一层薄薄的被子。我要好好地睡觉了！

我有了新家

今天，小主人给我选了一个新家。我的新家在院子的一角，四周很开阔，空气新鲜，阳光充足，我非常满意。小主人深翻了土地，平整后挖了几个小坑，把我和兄弟姐妹们放入坑中，又在我们身上覆上一层厚厚的土。在泥土中，周围没有了一丝光亮，可我一点儿都不觉得害怕，因为这是我的家啊。我要努力地生长，到土壤外面去，看看外面的世界。小主人，等着我吧！

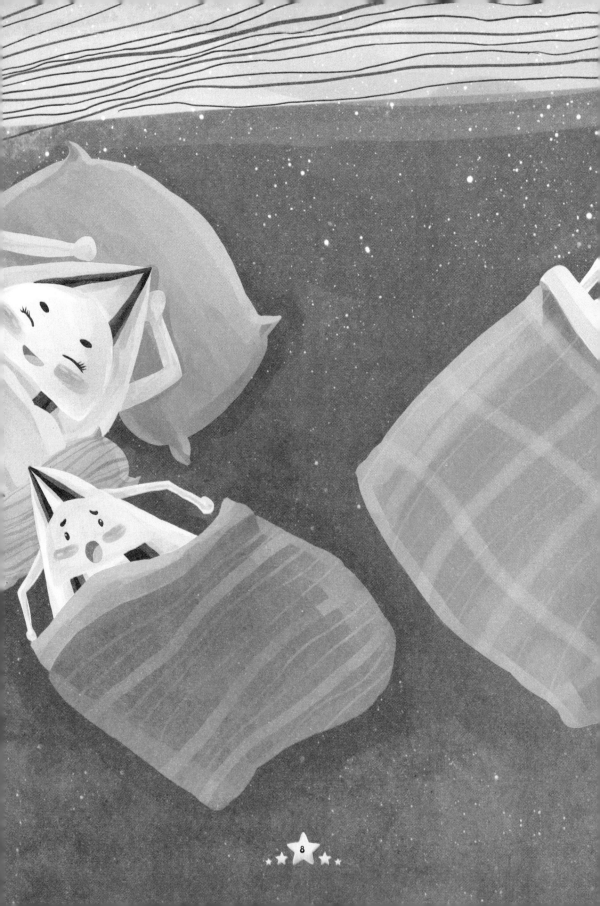

我要好好睡觉，快点儿长大

5月3日　周六　晴

这几天我一直在沉睡，周围没有一丝光亮，也没有一点儿声音，时间仿佛停止了，我都不知道睡了多长时间。小主人之前告诉过我，只有好好地睡觉才能更快长大。其实，如果外面的环境不适合我生长，我可能会睡上更长时间，一直等到环境变好，再继续生长。我睡了这么长时间，不知道小主人有没有担心我。小主人，耐心等着我吧！

我的细胞长大了

5月7日 周一 阴

我现在时时刻刻都能感觉到自己在成长，组成我身体的细胞在一点点地变大。我仔细地观察了一下细胞，它们非常小，我的身体正是由这些小小的细胞组成的，我所有的生命活动也都由它们来完成。据说，有一些结构非常简单的植物只有一个细胞。我不知道我身上的细胞究竟有多少，但我知道它们的结构非常复杂，而且具有不同生理功能的细胞的形状和大小也是不一样的。

我现在喜欢黑暗

5月8日 周二 晴

今天，我在睡觉的时候，忽然觉得上方透进来一丝亮光。原来是小主人担心我，怕我在土里闷坏了，就扒开了一小块土壤。小主人，这样可不行啊，没有了这层被子，我就不能健康地成长了。好在小主人马上又为我盖好了被子。小主人，请再耐心等待一下吧，我正在努力地长大，我现在需要黑暗，只有在这样的环境中我才能更健康地成长。很快我们就会见面，请再等一等。

我的衣服变小了

5月9日 周三 晴

早晨醒来，我伸了一个懒腰，发现衣服有些小了，肚皮都露了出来。再仔细地看了看，我真的是长胖了，由于喝足水的缘故，身体胀胀的，我想很快还会再长大一圈。我一直努力地喝着贮存在土壤中的水，身上的衣服变得越来越小，也越来越软。估计再过几天，衣服就装不下我了。为了这一天早点儿到来，我要努力地吸收土壤中的水分，让自己快点儿长大。

我变胖了

最近，我一直在拼命地喝水，只有这样我才觉得身上充满了力量。盖在身上厚厚的土壤就像被子，让我觉得暖暖的。被子虽然很厚，却充满了氧气，我一点儿也不觉得闷。我觉得我已经为长大做好了充足的准备。我现在已经长出了胚根和胚芽，只是被衣服紧紧地束缚着，只得团成一团，没办法伸展。我用尽全身的力气，寻找着能脱掉这身衣服的办法，真想早点儿摆脱它的束缚。

我变长了

5月11日 周五 晴

　　我现在的模样和刚刚种到土壤里的时候不大一样了。最开始，小主人叫我"瓜子仁"。那个时候我长得小小的、扁扁的，椭圆形身体的前端有一个小尖。现在，我已经开始萌发，胚芽、胚根、胚轴和子叶都在正常地发育。我的根正努力地向下扎入土壤，我的芽正努力地向上生长。在不久的将来，我就会长成一株小小的幼苗。到了那个时候，我的样子一定和现在又不一样了。

我长出了"脚"

5月12日 周六 晴

　　今天，我发现自己长高了。我的衣服是由两片种皮组成的，也就是小主人常说的"瓜子皮"。两片种皮的前端出现了一条小小的缝隙，我的脚顺着那条缝隙伸了出去，实实在在地踩入了土壤中。说来也很神奇，在这么黑的环境中，我居然能辨别方向，知道哪里是上方，哪里是下方，我的脚能自然地伸向下方。小主人说，这是因为地球上存在着重力，重力能够影响我的身体，让我的脚深深地扎入土壤中。

我终于看见了外面的世界

5月14日 周一 晴

　　从早晨开始，我就努力地向上钻啊钻，头上的土壤越来越薄，空气也越来越清新。突然，周围的世界明亮了起来，我的身体沐浴在阳光中，好舒服啊！可惜的是衣服挂在了子叶上，让我无法好好地欣赏周围的美景。我努力挣脱衣服的束缚，让我漂亮的子叶自由自在地张开。我终于脱掉了衣服，觉得轻松了许多，在微风的吹拂下轻轻地摆动着。小主人，你看见我了吗？

我又长大了一点儿

5月15日 周二 晴

我虽然成功地长出了地面，但仍不敢有一点儿松懈。根已经能自如地从土壤中吸收水分和养分，展开的子叶也能吸收一些水分，我有了更多的能量来长大。

我现在每天都能长高一点儿，长胖一点儿。这要归功于我体内的细胞，它们的数量在不断增加，体积也在慢慢地变大。不要小看这些小小的细胞，正是由于它们的努力，我才会健健康康地长大。大家辛苦了，还要继续努力啊！

我长出了真叶

5月16日 周三 晴

今天，我长出两片和子叶不一样的叶子，这才是我真正的叶子。我的叶子是一个拉长的心形，前端有一个尖，边缘有许多粗粗的锯齿，正面和背面都长着一层绒毛，靠一个长长的叶柄连接在茎上。我的茎会陆续长出很多的节，每节上只会生长一片叶子，所有的叶子会在茎上左一个右一个地排列，非常有规矩地向上生长。翠绿色的叶子在微风中摇曳。小主人，你看见我在向你招手吗？

27

我的叶子好可爱

5月18日　周五　晴

　　我又长出了两片漂亮的叶子，翠绿色的叶子随风摆动，让我充满了生机。我会长出多少片叶子，不会一直长下去吧？叶子对于我们植物来说是非常重要的，没有这些绿色的叶子，我们就不

能进行光合作用和蒸腾作
用，更没有办法活下去了。
所以，小主人，一定要好好
保护我的叶子，让我健健康
康地成长。还有，枯萎发黄
的叶子要及时摘除，否则，
也会影响我的生长。

我长出了侧根

5月19日 周六 晴

今天，我的主根上生出了许多侧根，侧根上还长出了许多须根。这些根组成了根系，深深地扎入土壤之中，即使茎长得很高，我依然可以站得很稳。我的根长得越多，就越能够从土壤中吸收更多的水分和养分。我的侧根几乎都是水平生长的，上面还生出了好多根毛，使我吸收水分、养分的面积变得更大了。只有吸收更多的水分和养分，我的成长才会得到保证。小主人，为我加油吧！

我又长出了两片叶子

5月20日　周日　晴

最近，我的茎已经长得很高了，长出了好几个节，叶子也越来越多。自从我长出了第三个节，叶子就不再成对出现，而是变成了螺旋状向上生长。叶面上的柔毛也变得很

32

硬，小主人说，摸起来都感到扎手了。我的叶面上还覆了一层像蜡一样的东西，在明媚的阳光下，闪闪发光。我的叶子就像是一个个小小的加工厂，在阳光下制造着有机物质和氧气。叶子是我生命的依托。

我喜欢清新的空气

5月22日 周二 晴

今天，院子外面停了一辆汽车，一直没有熄火，排出了好多尾气，呛得我晕晕的。我虽然能够制造氧气，但和人类一样，我也需要呼吸新鲜的空气。通过呼吸作用，我的细胞

才会将有机物质分解，释放出进
行生命活动所需要的能量。当受伤的时
候，伤口部位的呼吸就会增强，我才有力量去处理好伤
口。我体内进行的各种活动，也都与呼吸作用密不可
分。小主人，一定要注意我周围的环境啊！

我的茎长长了

5月23日 周三 晴

今天，我发现自己又长高了许多，茎也变得粗壮了。它们圆圆的，笔直笔直的，让我显得非常挺拔。我的茎外面很粗糙，上面长了一层很硬的毛，比叶子上的毛要硬很多。我的茎内还具有被称为"髓"的部分，随着我的一点点长大，这个部分会慢慢地变空。但这并不会影响茎的坚固程度，即使在狂风中，它也不会折断。还有一点，我们家族成员在很小的时候，胚茎的颜色是不一样的，但长大后都会变成绿色。

小主人真好

5月24日 周四 晴

今天的天气好热啊，虽然才五月份，却有了盛夏的感觉。最近一直没有下雨，空气也是干干的，呼吸起来非常费劲，要使劲地吸，使劲地呼，我变得无精打采。小主人一定看出来我的窘境，拿来装满清水的喷壶，在我周围喷洒了一遍，很快，周围的空气变得清新了，呼吸也顺畅了很多。我喜欢湿漉漉的空气，只有这样，我才能长得水灵灵的。小主人，真要感谢你，否则我会被烤死的。

我的脚受伤了

5月25日 周五 多云

我的主根和侧根都已经长得很结实了,有些像木头的感觉,就连根毛也愈发粗壮了。主根和侧根合在一起称为"根系",也就是我的"脚"。我的脚牢牢地站立在土壤中,成为我成长的基础。早晨小主人给我松土,挖得太深了,伤了我一部分侧根,使我站立不稳,向一侧大幅度倾斜过去。好在小主人及时发现了这个问题,马上把我扶直,又把根系周围的土按结实。好在有惊无险,我又能继续向上生长了。

我又长出了两片叶子

　　今天，我又长出了两片叶子，没想到我能够长出这么多的叶子。最近，我好像一直在长高、长叶子。除了最下面的几片，我的叶子已经呈螺旋状向上生长了，这样，叶子之间

42

就不会彼此遮挡，我才能尽可能多地吸收到阳光。可是叶子太多，难免相互遮光，这些叶子不能给我提供能量，反倒成了我的负担。好在小主人是个行家，及时为我梳理了叶子。我现在的感觉好多了。

我要在阳光中呼吸

5月27日 周日 小雨

今天的天气很不好，从早晨开始就没有看见过太阳，天上的云黑黑的、厚厚的，不一会儿，还下起了雨。我感觉自己一点儿精神都没有，全身酸痛酸痛的。没有太阳，我的光合作用就没有办法进行了，呼吸也变得不那么顺畅了。我们植物有一部分呼吸必须要在光下才能进行，这对我们来说是很重要的。再说，我的别名叫"向阳花"，看不见太阳，让我向谁去啊？太阳，快点儿出来吧，我们植物需要你！

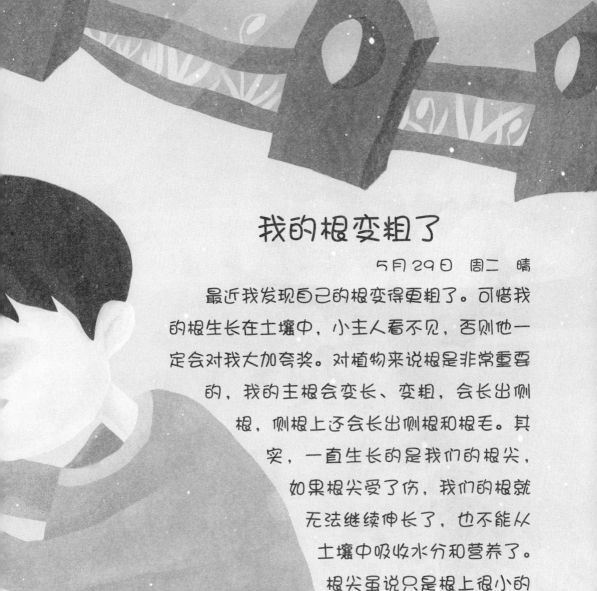

我的根变粗了

5月29日 周二 晴

最近我发现自己的根变得更粗了。可惜我的根生长在土壤中，小主人看不见，否则他一定会对我大加夸奖。对植物来说根是非常重要的，我的主根会变长、变粗，会长出侧根，侧根上还会长出侧根和根毛。其实，一直生长的是我们的根尖，如果根尖受了伤，我们的根就无法继续伸长了，也不能从土壤中吸收水分和营养了。根尖虽说只是根上很小的一部分，却非常重要，谢谢你们了！

我没有分枝

6月1日 周五 晴

今天，小主人在院子里栽了一棵小树，它成了我的新邻居。我仔细观察，它和我一点儿都不像，我只有一个直直的茎，小树除了有主干以外，还长了许多主枝，主枝上还有分枝。我的茎是绿色的，小树的茎却是褐色的。我的叶子都长在茎上，小树的叶子却长在分枝上。小树看起来威风凛凛，和它相比，我却显得那么单薄。它会不会瞧不起我呢？我多想和它成为好朋友啊！

我几乎要枯死了

6月3日 周日 晴

看来夏天真的来了，太阳高高地挂在天空上，云也不知跑到哪里去了。我觉得叶子上好像有一层薄薄的水，没有雨，小主人今天也没喷水，水是从哪里来的呢？我仔细地观察了一会，原来是我一直在出汗啊！小主人怎么还不来喷水，难道是忘记了？我不停地出汗，体内的水分一点点地排出，根也无水可喝，叶子变蔫了，茎的最上端有些支持不住，耷拉了下来。小主人，快来救我！

我喜欢喝水

6月9日　周六　晴

　　最近的天气一直很热，我在经受着酷热的考验。早晨，小主人提来了一桶清水，倒在我脚下，我的根在湿润的土壤中畅快地喝着甘甜的水，真是太解渴了。下午的时候，小主人又提来一个喷壶，在我身上喷洒了一遍。这种天气能淋个凉水浴，真的是太好了。叶子上的灰尘被冲得干干净净，几颗水珠挂在叶子上，我感觉每个毛孔都张开了，呼吸变得更加顺畅。真是太舒服了，小主人，谢谢你！

我长出了十八片叶子

6月20日 周三 晴

今天我数了一下，我已经有十八片叶子了，最先长出的叶子变得很大，新长出的叶子也在奋起直追。所有叶子的形

状都差不多，都规规矩矩地长在茎上。小主人说，我的叶子是单叶，生活在院子另一头儿的玫瑰的叶子是复叶。我觉得单叶和复叶都很漂亮。其实，植物叶子的功能是一样的，都是一个小小的"绿色加工厂"，生产有机物质和氧气，造福人类和地球。

我会长得更高

6月21日 周四 晴

今天，小主人照例给我浇水并欣赏我好大一会儿，我发现自己的个头儿已经比他高了，再配上一身的绿叶，显得生机勃勃。我身上已长出好多节，每长出一节，我就会长高一些。怎么样，小主人，没辜负你精心的照料吧？小主人说，虽然我长得很高，茎也会木质化，但是我仍属于一年生草本植物，也就是说，我只能存活一年，到了秋天，我成年了，开花结果后就会死去。听到这些，我有点儿悲伤。

我长出了花盘

6月22日　周五　晴

这几天，我身体的最顶端长出了一个小小的花盘，花盘被很多绿色的萼片紧紧包裹着，像一个襁褓中孩子的脸。它正在发育，还要暂时把脸藏在花萼之中。我喜欢太阳，更喜欢仰望着太阳。太阳在天空中慢慢地移动，花盘也随着太阳慢慢地改变方向。相信会有那么一天，我会自信地朝着太阳露出我最美丽的笑容。到那时，我将成为名副其实的向日葵。

66

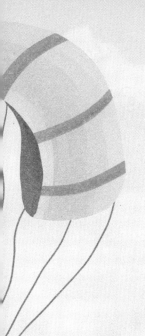

我又长出了一片叶子

6月23日　周六　阴

今天，天空布满了乌云，没有什么事情可以做，好无聊啊！我低头呆呆地望着自己的身体，忽然发现我的茎上长出了一个小小的包。天啊，这是什么，难道和小主人一样被蚊子咬了？我担心了一上午，后来发现，从这个小包中渐渐长出来一片还没有展开的叶子。原来我的叶子就是这样长出来的啊，以前怎么没有发现？小小的叶子努力地展开着。我又有了一片新叶子，可以制造更多的氧气了。

我制造出了好多的氧气

6月25日 周一 晴

今天的天气不错，阳光洒向大地，我从早晨开始就努力地制造着氧气。小主人说，他最喜欢绿色植物了，因为我们能够制造有机物质和氧气。这些有机物质是生活在地球上的人类和动物所必需的食物。氧气就更重要了。我们绿色植物能够制造出这些有用的东西，是因为我们能进行光合作用。小朋友们，都来参加种植绿色植物的活动吧，这会让地球变得更加美丽。

没有太阳真难受

6月27日 周三 小雨

最近几天一直在下雨，太阳不见了，我也就无法进行光合作用了。我觉得浑身一点儿力气都没有，提不起精神来。其实，除了阳光，天气的凉热对我的光合作用也有很大影响。天气太热，我就没有了力气，变得蔫蔫的，就无法进行这些作用了，严重时还会枯萎。所以，小主人，如果天气太热，一定要记住给我喷喷水，让我周围的温度降下来，这样我才能重新恢复活力。

我觉得精神了不少

6月28日　周四　多云

今天，花盘周围的萼片展开了许多，但是还是被花瓣紧紧地包裹着。还别说，花盘还真的像是我的头，顶着它站在微风中，我觉得精神了不少。快些开花吧，那时我会更加精神！小主人说，花盘就是我的花序，花瓣会从上面长出来，将来我的果实也会长在花序上。我的这种花序叫作"头状花序"，非常好听的一个名字。小主人，我在向你点头呢，看见了吗？

我什么时候才能开花啊

6月29日 周五 多云

　　今天，院子里的很多花都绽开了它们的笑脸。笑得最灿烂的要算是"虞美人"了，它有单瓣的，还有重瓣的，花色更是多得不得了，有粉色的、蓝色的、红色的、紫色的，有的花瓣上甚至会有两种颜色。百合花也好像随时准备着绽放，可我还是没有一点儿开花的迹象。小主人告诉我，不要着急，不同植物花芽分化的时期不一样，开花的时间也不一样。大家错开时间开花，世界才会更美丽。

我是短日照植物

7月1日　周日　晴

阴沉沉的天气总算过去了，太阳又重新回到了天空中。我最喜欢太阳了，明媚的阳光照在身上非常舒服，只有经常站在阳光下，我才能健康地成长。可是小主人却说，虽然我很喜欢太阳，但阳光太强或太弱，对我的生长都是没有好处的，而且每天照太阳的时间也不能太长，否则我只能长高、长胖，却不能开花和结出果实。我还有个科学名称，叫作"短日照植物"。唉，成长可真是一件麻烦事儿。

我长出了小花瓣

7月15日 周日 晴

今天，我觉得花盘的周围痒痒的，原来是花瓣们慢慢地展开了。花瓣的样子小小的、嫩嫩的，还有点儿卷曲，它们在努力地展开着。我的小脸儿渐渐露了出来，花越来越完整，有了花托、花萼、花冠，将来还会长出雄蕊和雌蕊。我的花托和其他植物都不一样，其他植物的花托都是小小的，很多都比花瓣要小，而我的花托却比花瓣大出很多。不知道我的花瓣最终会长多大。

我补充了营养

7月17日 周二 晴

今天，小主人给我浇水的时候，在水里加了一些肥料。今天的水真好喝啊！我感觉自己变得更有力量了，好像感觉到营养物质在我体内欢快地流淌。除了我的根能吸收到营养物质，我的叶子也能吸收到。小主人，下次喷水的时候，别忘了也在里面加一些肥料。但是，肥料不要太多了，那样会营养过剩，而且会烧坏我的根和叶子。我最喜欢的肥料是尿素、硝酸铵、氯化钾，小主人，你要记住啊。

我身体里有许多条交通线

7月18日 周三 多云

　　我的根的主要任务是吸收水分和营养物质，它们是我身体各部分器官都需要的。我的叶子是合成有机物质的重要场所，而这些物质也是我所需要的。为了运输和分配这些物质，我的身体里建立起了好几条交通线。这些交通线有着不同的方向，运输着不同的东西。即便没有交通警察指挥交通，这些交通线也井然有序，从来不会发生交通堵塞的情况。正是它们的努力工作，才保证了我健康成长。

营养物质

我觉得浑身充满了力量

7月19日 周四 晴

最近，我觉得浑身充满了力量，精神无比，这要归功于小主人前几天给我补充的养料。小主人说，这些养料叫"矿质元素"。我的根系和叶子都能吸收这些矿质元素，具体说，

是我体内的细胞吸收了这些矿质元素。别小瞧了这些小小的细胞，它们吸收、转化矿质元素的过程可是非常复杂的，有被动吸收、主动吸收和胞饮作用等方式。这些过程我虽然看不到，但却能真切地感觉到。

今天好渴啊

7月20日　周五　晴

　　今天的天气特别热，到了中午，地面都好像冒出了热气。小主人说，这种天气叫"桑拿天"，顾名思义，就是像蒸桑拿一样。我的感觉就是非常非常地热，不停地出汗，身上没有一点劲儿。我会不会中暑啊？小主人早晨给我浇了水。我真担心他中午再给我浇水。道理很简单，土壤晒了一上午，温度非常高，土壤中根的温度也随之升高，如果这时候浇水，温度骤变，我一定会感冒的。

我长高了

7月22日　周日　晴

　　今天，小主人给我量了一下身高，我已经快到两米了，比小主人还要高出一大截。小主人说，他要有这个身高都可以做篮球运动员了。如果条件允许的话，我觉得我可以长得更高。我的家族成员，最高的可以长到接近三米。我的茎非常直，表面很粗糙，还长着很硬的毛，据说这也是我自我保护的一种方式。我的茎是一节一节的，听说竹子的茎也分节，可惜我没有亲眼看过。我骄傲地抬着头，眺望着很远很远的地方。

今天好冷啊

7月26日　周四　大雨

最近一直在下雨，天气变得有些凉，小主人穿上了外套，我会不会感冒啊？小主人说，现在的温度虽然有点低，但只要不低于10℃，都不会影响我的生长。我生长的适宜温度是18℃-25℃，在适宜温度范围内，温度越高，生长的速度就越快。当温度超过30℃时，要在我的周围喷上一些水，降低周围的温度，以免太阳光灼伤我的身体。我长得太高了，保暖和降温工作都不太好做。小主人，辛苦你了！

今天的水真好喝

　　最近，我一直都在努力地生长，为开花、结果做着准备。小主人怕我的营养不够，今天在我根部附近的土壤中施了很多肥料。这次的肥料和之前加在水里的不太一样，小主人说，这次的肥料叫"有机肥"，里面含有许多有机物质，营养更丰富，对我健康成长更有利。但是，这种肥料的制作过程比较复杂，小主人为此忙了一整天。小主人，辛苦了，我要加倍努力，不辜负你对我的希望！

我的花盘长大了

8月10日　周五　晴

　　今天天气不错，我朝着太阳扬起了笑脸。生活在院子里的花花草草都说我的花盘长大了，夸我变得更漂亮了。我的花盘现在的直径是二十多厘米，圆圆的，很像一个盘子，外缘长了一圈黄色的花瓣，这些花瓣比前几天已经大了很多，更加平展了。漂亮的花瓣就像是太阳发出的光，我的花盘就像一轮小太阳，小主人叫我"太阳花"。我开心地笑着，把脸朝向太阳，朝向温暖。

花的样子

今天的天气真好，我开心地笑着，向着太阳转动。花盘四周的花瓣已经完全展开，就像是一个个小舌头，所以被称为"舌状花"。花盘里面也有许多小花儿，就像是一个个小

管筒，所以又被叫作"管状花"。不只我们向日葵家族的成员具有舌状花和管状花，菊科大家族的成员，例如菊花、非洲菊、雏菊等差不多都具有这两种花。这两种花组成的花序叫作"头状花序"，属于无限花序，小主人说，还有一种植物的花序叫作"有限花序"。

我的叶子长全了

8月12日　周日　晴

今天，我查了一下叶子，一共三十二片，说明我的叶子已经长全了。每片叶子都是一个大大的心形，顶端有一个尖，叶缘上有粗粗的锯齿，靠一个长长的叶柄连接在茎上。叶子、叶柄和茎上都长满硬硬的绒毛，摸起来很扎手。小主人，要当心啊。我的叶子上有三条叫作"主脉"的叶脉，每条主脉上还有支脉，脉络非常清楚。这就是我的"掌纹"，植物叶脉的样子都是不一样的。小主人，你知道吗？

我是有感觉的

8月15日　周三　晴

我的叶子上落了一只虫子，它在我的叶子上爬来爬去，弄得我痒痒的。我轻轻地抖动了一下叶子，希望能把虫子弄下去，可它却牢牢地抓住我不放，真是讨厌啊！后来，小主人发现了，把它拿掉了。我不会哭、不会笑，不能把我的感觉告诉小主人，但我是有感觉的，不喜欢别人碰我。我的好朋友含羞草的感觉更加敏感，谁要是碰了它，它会马上合起叶子来，过很长时间才舒展开。

我讨厌狂风

8月18日 周六 大风

今天一整天都刮着狂风，院子里的植物都东倒西歪的，连很粗壮的大树的枝条也不得不随风乱舞。我只喜欢微风，微风会带来新鲜空气，使我心情舒畅。其他的植物也喜欢微风，在微风的陪伴下，蒲公英的种子会像一个个小伞兵一样，随风飘到很远的地方生根发芽；杨树、柳树、皂荚树等植物也是靠风来传播种子的。而过于强劲的风会把很多植物的茎、枝、叶吹断，甚至把植物连根拔起，我讨厌狂风。

我开花了

8月22日　周三　晴

　　我花盘的直径已经有三十厘米了，变得沉甸甸的，我不得不常常低下头。我的花盘很平展，背面边缘上长着好多层绿色的苞片，它们看起来很像叶子，是花盘的一部分。我的舌状花已经全部展开了，金灿灿的，它不是非常结实，很容易脱落。我的管状花整整齐齐地排成一个大圆圈，颜色比舌状花深一些，接近棕色。花盘的大部分将来会长出果实，到那时我就成年了。

朵朵葵花向太阳

8月23日　周四　晴

　　我非常喜欢太阳，以前我成天盯着太阳看，从太阳升起到太阳落，怎么看都看不够。现在不行了，随着花盘的长大，我已无法高高地抬起头，但我还是尽量随着太阳的运动轨迹改变着方向。其实植物都是这样的，例如摆在室内的植物，如果一段时间不转动，叶子的正面就会齐刷刷地朝向窗外，科学上叫作"向光性"。小主人，记住隔一段时间要给室内的花儿换换方向，这样它们才能长得更匀称。

我长出了花粉

8月25日　周六　晴

今天，我的花盘上零星出现了一些粉状的东西，它们就是我的花粉。我属于异花授粉植物，想要结出种子，就要和家族的其他成员交换花粉。植物的花粉有橙黄色的、淡黄色的和紫红色的，看起来五彩缤纷，这样才能引来一些小昆虫帮助我们传粉。我的花粉含有很多种氨基酸和微量元素，可以食用，是促进睡眠的好帮手，是增强体质的好伙伴，还有其他一些对人类有益的功效。

小蜜蜂是我的好朋友

8月27日 周一 晴

今天，我结识了一个新朋友，它是一只小蜜蜂。上午的时候，一群小蜜蜂飞进院子，落到植物的花朵上。落在我花盘上的那只小蜜蜂，在采蜜的同时，腿上沾上了我的花粉。一会儿，它又飞向别处，把我的花粉带到别的花朵上，无意间起到了传粉的作用。就这样，它从这朵花飞向那朵花，又从那朵花飞向这朵花，忙个不停。谢谢了，小蜜蜂。

我结出了小小的果实

9月1日　周六　晴

今天，小蜜蜂又来找我玩，是从我的姐妹那里飞来的，所以身上沾了很多花粉。小蜜蜂开心地在我的花盘上跳来跳去，把身上的花粉蹭到我的花柱上。我具有一种特殊的本领，能辨别同类的花粉。随着这些花粉进入我的体内，卵细胞和精子就会融合，然后形成果实。我的果实现在还很小，从花盘外面望进来，还很难看见它们。小主人，请相信我，它们会慢慢长大的。

我有孩子了

9月5日 周三 晴

子房是我们被子植物生长种子的器官，在雌蕊的下面。最近一段时间，我的子房里开始孕育一种被称为"胚珠"的东西，它们很快就会发育成种子。等种子成熟了，也就说明我长大了。种子是我生命延续的希望，真期待那一天早一些到来。我最近一直低着头，阳光不会直接照到我的脸上，这样，娇嫩的种子就不会被晒伤，而会慢慢发育，健康成长。小主人现在抬头就能看到我满意的脸庞。

我的子房在一天天变大

9月6日 周四 晴

最近一段时间天气非常好，在我目前的生长阶段，就需要这种好天气。花盘上出现了一些白色的小包，它们就是我的种子。我的种壳现在还不是很坚硬，有一大半还藏在花盘里，从外面只能看见它们的尾部。我已经长出了很多种子，它们排列整齐，非常有规律，一条条的弧线组成了一个很美的图案。小主人也非常高兴，整天在我周围转来转去。是啊，这毕竟是他的劳动果实！

我的果实长大了

9月7日　周五　晴

　　我的果实叫"瘦果"，是干果的一种，不知道叫这个名字是不是因为我的果实很苗条，可我的果实现在一点儿都不干，还白白的、软软的。生长在我旁边的桃树也结出了果实，它们现在是绿色的、圆圆的，种子外面包裹着一层厚厚的果肉。小主人说，等桃子成熟了，这层果肉会非常好吃。还有梨、苹果的果肉也是这样，成熟后也都很好吃。很多植物提供给人类食用的部分就是它们的果肉，而我提供的却是果仁。

我的果实成熟了

9月9日 周日 晴

今天的天气非常好，万里无云，最近的天气一直都是这样，非常有利于植物的成熟。花盘周围的花瓣早就枯萎掉落了，它们外面的萼片，也紧贴在花盘的四周。种子长大了许多，虽然还是有很大一部分藏在花盘里，但种壳已经变硬了，颜色也从白色变成了黑色，上面还有几个小条纹，非常时尚。小主人小心地取下一枚种子，剥开种皮，中间的胚已经变成了白色，胖胖的，是个很饱满的扁圆形。小主人，我已经长大，你什么时候才能长大啊？

我的叶子变黄了

9月12日 周三 晴

秋天来了，一些树叶不时地飘落下来，院子里一片金色，小主人说，这是丰收的颜色。它虽然不像绿色那样生机勃勃，但却显得成熟和稳重。成长和衰老都是植物一生中不可缺少的一部分，是必须要经历的阶段。最近，我最底下的叶子也开始变黄了，蔫蔫的，不再那么平展挺括。看来我也要变老了。有很多植物以冬眠的方式度过冬天，等到第二年春天重现生机，而我却要靠种子延续生命。

我的叶子开始掉落了

9月15日　周六　大风

今天的风很大，院子里植物的叶子掉落得差不多了。有很多草本植物早就枯萎了，直挺挺地站在那儿，毫无生气。落叶知秋，真令人伤感啊！我的叶子也逐渐枯萎了，枯萎的叶子有气无力地挂在茎上。小主人摘掉了枯萎的叶子，我茎上的叶子越来越少。我现在的日子倒是过得很悠闲，每天晒晒太阳，静静地等待种子的成熟就是我一天的全部工作。小主人，我们快要分别了！

我的种子被摘走了

9月18日 周二 晴

最近我的叶子和茎变黄了，花盘周围的萼片也干枯了，种子的壳变得很坚硬，身上也披上了油亮亮的黑色，种壳里的果仁白白胖胖的，完全成熟了。小主人把我的花盘剪下来，放在能直接照到阳光的地方，使劲地晒。这是为了让种子里的水分散失掉，以便贮藏，否则我会发霉的。晒了几天后，小主人掰下我的种子，放到没有阳光的地方储藏了起来。小主人，我们只好明年再见了，再一次谢谢你对我的关爱！